はじめての カブトムシ 飼育BOOK

監修：哀川 翔

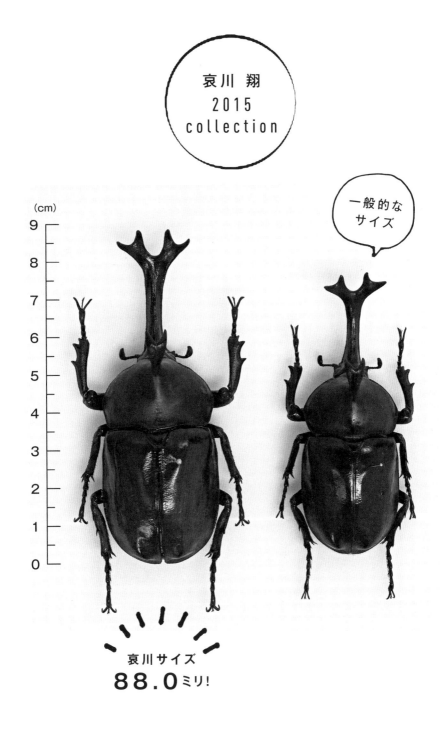

ギネス級巨大カブトムシ

2015年6月のこと。オレが飼育していたカブトムシのなかから、ほかの個体とは明らかに違う巨大なヤツが現れた。サイズを測ってみると、なんと88.0ミリ！ それまでは、奈良県で2011年に採集された個体の87.3ミリが最大記録だったから、それを0.7ミリ上回り、記録を更新したことになる。やった！ これが現時点では、日本最大のカブトムシだ!!

原寸大 ★

哀川 翔
2015
collection

オス…？ メス…？

どっち!?

超貴重！雌雄モザイク

ギネス級の巨大カブトムシが羽化した翌月、さらに珍しい雌雄同体のカブトムシが羽化してきた！　正式には「雌雄嵌合体」や「雌雄モザイク」と呼ばれる突然変異で、コイツはほぼ左右真っ二つにオスとメスに分かれていた。上から見て右側のツヤのある方がオス、左側のツヤのない方がメスだ。子どもたちに見てもらおうと夏の昆虫展で展示したら、みんな喜んでくれたよ。

※東京スカイツリーで開催された『大昆虫展』(2015年7月18日〜8月25日)。世界の昆虫の貴重な標本のほか、生きた昆虫たちも展示され、雌雄モザイクのカブトムシはその目玉展示になった。

もくじ

哀川 翔 2015 collection............ 2

はじめに............ 12
飼育の心得............ 13

第1章
カブトムシを知る

成虫の体............ 22
幼虫の体............ 24
蛹の体............ 25
オスとメスの違い............ 26

第2章

環境をととのえる

飼育グッズをそろえる……28
【昆虫ショップの店員さんに聞きました。】……32

カブトムシを迎え入れる……40
　　カブトムシをつかまえに行く／幼虫をつかまえる
　　成虫をつかまえる／ショップで買う／マナーを守ろう

温度と湿度の管理……48

【コラム①　カブトムシの正しい持ち方】……50

第3章
カブトムシ飼育カレンダー

7月............ 52
ペアリングセットを作る

8月............ 54
産卵セットを作る

9月............ 56
卵を産んでいるかチェック／卵はそのまま放置すること

10〜5月............ 58
幼虫を回収する／オスとメスの見分け方
幼虫飼育／幼虫飼育のポイント

6月............ 62
蛹室を作り始めたら、あとは見守るだけ／観察しよう！〜蛹化〜

7月............ 66
成熟するまでまだまだ見守る／観察しよう！〜羽化〜

【コラム②　カブトムシの正しい測り方】............ 70

第 4 章

世界のカブトムシを飼ってみる

ヘラクレスオオカブト……… 72
コーカサスオオカブト……… 74
アトラスオオカブト……… 76
サタンオオカブト……… 78
グラントシロカブト……… 80

全国昆虫ショップリスト……… 82

本書の見方

P.13〜　「飼育の心得」の見方

カブトムシ飼育には特別な知識はあまり必要ありません。
それよりも、"心構え"や"基本的な優しさ"が大切です。
立派なカブトムシを育てるための心得を教えます。

P.21〜　「第1章 カブトムシを知る」の見方

カブトムシは生きものです。
雑に扱えば、ケガをさせたり、弱らせたりしてしまいます。
飼う前に、まずカブトムシの体について知っておきましょう。

P.27〜　「第2章 環境をととのえる」の見方

カブトムシ飼育に特に大切なのが、環境作りです。
カブトムシを迎え入れるために必要なものや、
迎え入れる方法、迎え入れたあとの
温度や湿度の管理について説明します。

P.51〜　「第3章 カブトムシ飼育カレンダー」の見方

ペアリングから交尾(こうび)、産卵(さんらん)、孵化(ふか)、幼虫(ようちゅう)、蛹(さなぎ)、成虫まで、カブトムシ飼育は1年かかります。
各月ごとにどのように成長し、どの時期に
どのような作業が必要かをカレンダーにまとめました。

※成長には個体差があります。また、その年の気候や飼育環境にも左右され、必ずしもカレンダーどおりに成長しないこともありますが、順調に育っていれば問題ありません。

矢印の長さは、その作業に適した目安の期間です。作業に必要な日数ではありません

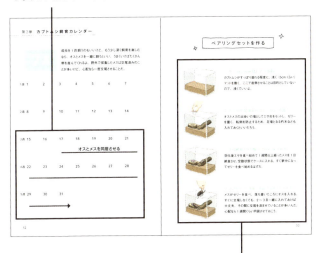

実際に行う作業の工程を、イラストつきで説明します

はじめに

2015年の夏、オレが育てたカブトムシがちょっとしたニュースになった。
ひとつは、これまでの記録サイズを上回る88ミリの巨大カブトムシ。
そしてもうひとつ、左右真っ二つにきれいにオスとメスに分かれた、
雌雄同体(しゆうどうたい)のカブトムシだ。
カブトムシの飼育を本格的に始めて約15年、こんな夏は初めてだった。

それまでもカブトムシ好きなことは知られていたけど、
これをきっかけに、飼育のコツを聞かれることも増えた。
オレは何も特別なことをしてきたわけじゃない。
でも、教えてあげるとみんな驚くんだよ。
世間にはカブトムシ飼育の本なんてたくさんあるのに、
どうも肝心(かんじん)なことが書かれていなかったり、
やたら難しく書かれていて挫折(ざせつ)しちゃうみたいなんだ。
だから、オレ流の飼育のコツを書いてみた。

オレは専門家じゃないから、これが正しい飼い方かどうかはわからないけど、
オレの育てたカブトムシはみんな幸せそうだから、
たぶん間違っていないと思うよ。
あとは、愛情をもって育てること！
それを約束してくれたら、きっと立派なカブトムシが育つはずだ。

哀川 翔（本書監修）

飼育の心得

「自分が気持ちいいと、カブトムシも気持ちいい」

心地いい環境、つまり快適な温度や湿度を保つことがまず大事。
虫かごを日の当たる場所に置く人がいるけど、あんなのは論外だね。
真夏にエアコンのきいてない車の中にいるようなもん。
昆虫たちのフィールドである森の中って、
夏でも涼しくて気持ちいいだろ？
飼い主が快適な場所が、カブトムシも快適なんだよ。

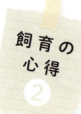

飼育の心得 ②

「バタバタしているのはダメ、
じっとしているのは調子がいい証拠」

虫かごの中でやたらと歩き回ってるヤツを見ると、
「元気いいな!」と思いがちだけど、それは正反対。
調子がいいカブトムシは落ち着いているから、動き回らずにじっとしてるよ。
バタバタしているのは、環境に問題があったりして居心地(いごこち)が悪いから。
温度やマットの状態を直(ただ)ちに確認すること。

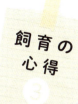

飼育の心得 ③

「あ〜腹減ったなと思ったら、カブトムシも腹減ってんだ」

腹減ったなと思ったら、カブトムシも腹減ってるんじゃないかなと
思うくらいの気配りを持って育ててほしいね。
暑かったらカブトムシも暑い。不快だったらカブトムシも不快なんだよ。
まあ、日本の気候に順応している生きものだから屋外で育てても
ある程度は大丈夫だけど、快適に過ごせているかどうか、
エサはあるかなど、放置せずに常に気に留めてあげることだね。

飼育の心得 ④

「飼育を始めやすいのは成虫。でも幼虫から育てた方が感動するよね」

カブトムシの飼育は成虫から始めるのがいちばん簡単。
でもオレは、幼虫から飼うことをすすめたいね。
やっぱり幼虫から蛹、蛹から成虫に育つのを
この目で見ると、感動が全然違うよ。
カブトムシの幼虫期間は孵化する秋口から蛹になる春までと長いけど、
初心者なら蛹になる前のゴールデンウィーク前から始めるのがおすすめ。
この時期からならあまり手がかからないから、
気軽に育てる楽しみを味わえるんだ。

飼育の心得 5

「幼虫時代こそが、カブトムシの人生」

みんな"幼虫"って呼ぶけど、カブトムシの一生の大半は幼虫時代だし、
腐った木や落ち葉を食べて土に戻し、
森に貢献しているのもこの時期なんだ。体が大きく育つのも幼虫時代だけ。
成虫は子孫を残すためだけに生きてるから、寿命も短い。
幼虫時代をいかに快適に過ごさせてやれるかが、カブトムシ飼育のカギだよね。

飼育の心得 6

「成長に大事なのは、寝る環境と食うもの」

カブトムシは幼虫の時期に腐葉土や朽木を食べて育つんだけど、
それらが発酵してマット状になったものって、
彼らにとっては食べものであり寝床でもあるんだよな。
幼虫は環境と食べものの質がいいと成長が早いし大きくなるんだ。
人がベッドや食べものにこだわるのと一緒なんだよ。

飼育の心得 7

「みんな、触りすぎなんだよ」

カブトムシの幼虫は土の中で育つんだけど、
成長を見たくてつい掘り出したり触りたくなるだろ？
でも絶対やっちゃダメ。みんな知らずに触って、
弱らせたり死なせたりしちゃうんだよね。
触らずそっとしておくのが大事なんだ。
幼虫が大きく育つと容器を替えるために
やむを得ず触ることもあるけど、それもゴールデンウィークまで。
その後は蛹になる特にデリケートな時期だから触っちゃいけないんだ。

飼育の心得 ❽

「自分の世話もできないヤツは、生きものなんて飼えない」

カブトムシに限らず、生きものを飼うって
自分自身の環境がしっかりしていないとできないよね。
人の力ばかり借りて生きてたら虫も育てられないって。
仕事したり学校行ったり忙しいと思うけど、
時間や余裕は自分で作らないと。オレは忙しくてもやってるよ。
みんながテレビ観たりゲームしたりしてる間に片付けちゃう。
それが当たり前のようにできるようになると、
自分自身もちょっと成長できてるんだろうね。

第 1 章
カブトムシを知る

カブトムシを飼い始める前に、
まずはカブトムシのことを知っておこう

第1章 カブトムシを知る

成虫の体

全身は硬い皮ふで覆われていて、厚みがあってずっしりと重い。オスには頭部と胸部に立派な角が生えているのが最大の特徴だ。また太く力強い6本のあしと4枚のはねを持っている。

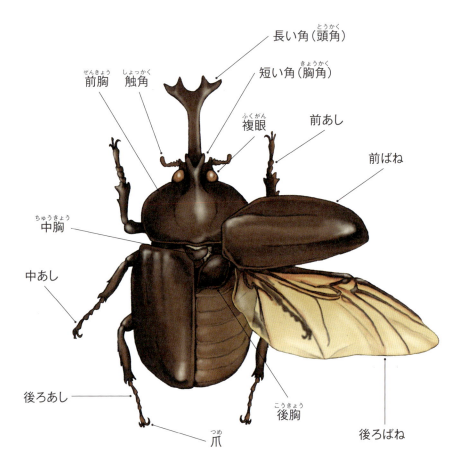

長い角（頭角）
短い角（胸角）
前胸
触角
複眼
前あし
前ばね
中胸
中あし
後ろあし
後胸
爪
後ろばね

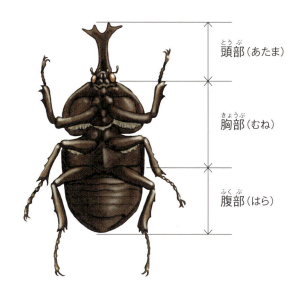
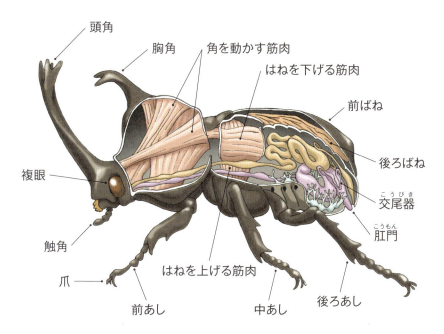

第1章 カブトムシを知る

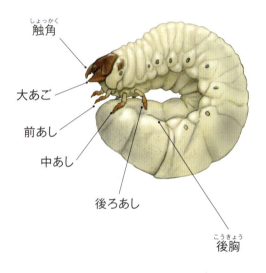

触角（しょっかく）
大あご
前あし
中あし
後ろあし
後胸（こうきょう）

幼虫の体

あしが短く、体は白くやわらかい。腐葉土（ふようど）や朽木（くちき）を噛（か）み砕（くだ）いて食べるために強力な大あごを持っている。眼はないけど、体にたくさん生えた短い毛が感覚器官（かんかくきかん）として働いているんだよ。

蛹の体

成虫に近い形になり、角やあし、はねの様子などがわかるようになる。見た目以上に体の中で大変化が起こっていて、とてもデリケートな時期だ。羽化が近づくと中の成虫が透けて見えるようになるよ。

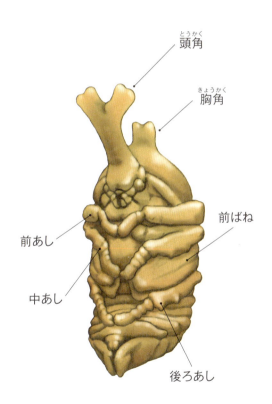

- 頭角(とうかく)
- 胸角(きょうかく)
- 前ばね
- 前あし
- 中あし
- 後ろあし

第1章 カブトムシを知る

オスとメスの違い

カブトムシ最大の特徴である大きな角が生えているのが、オス。体は光沢のある赤茶色や黒褐色をしている。一方メスには角はなく、体は短い毛がたくさん生えて光沢が弱いんだ。

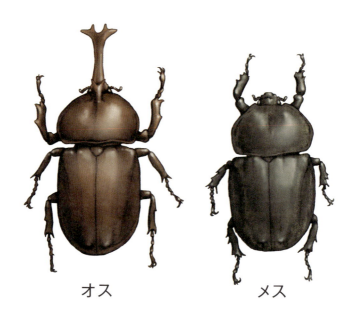

オス　　　メス

第2章
環境をととのえる

**カブトムシ飼育は環境作りから。
必要なものや、快適(かいてき)な環境にするコツを教えるよ**

第2章 環境をととのえる

飼育グッズをそろえる

初心者は、とりあえず"飼育セット"を買え！

哀川 翔のカブトムシ産卵セット（2,400円）
カブトムシ飼育のスターターキットとして考案。今では各ペットショップで同様のセット商品が多く扱われている。他に、飼育セット（1,420円）も。

初めてのカブトムシ飼育は
上京して初めて
一人暮らしを始めるようなもの

初めてカブトムシを飼うときって、何をそろえたらいいのかわからずに迷うこともあると思うんだ。自分の生活に置き換えてみてもそうだろ？　だからオレは誰でも簡単に飼育が始められるよう、飼育セットを作ったんだよ。このセットがあれば、何はともあれすぐに飼育が始められて、ちゃんと産卵させることもできる。初心者はあれこれ悩む前に、まずこのセットを買ってみればいいと思う。慣れてくれば自分の環境や飼い方に合ったものがわかってくるから、それから買い足しても遅くないと思うよ。

第2章 環境をととのえる

基本セットに
入っているもの

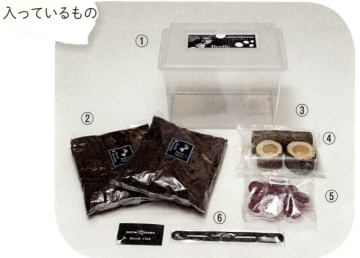

小バエの侵入防止に優れたケース、産卵と幼虫飼育ができるマット、カブトムシが喜ぶぶどう味のゼリーなど、哀川 翔こだわりのアイテムがセットに!

①小バエ侵入防止ケース（中）

②産卵飼育兼用マット

③朽木

④エサ皿（2個）

⑤オリジナルゼリー（10個）

⑥特典　哀川 翔ビートルクラブ
　　　オリジナルブレスバンド

セッティング例

第2章 環境をととのえる

イチから
そろえたい人は?

昆虫ショップの
店員さんに聞きました。

カブトムシはとても飼いやすい昆虫なので、特別な道具や環境は必要ありません。うまく飼育すれば繁殖(はんしょく)もさせられるので、ぜひチャレンジしてください。わからないことがあれば、昆虫ショップの店員さんに気軽にたずねてみてくださいね。

ボクが
教えます

むし社 shop店長
飯島さん

飼育ケース

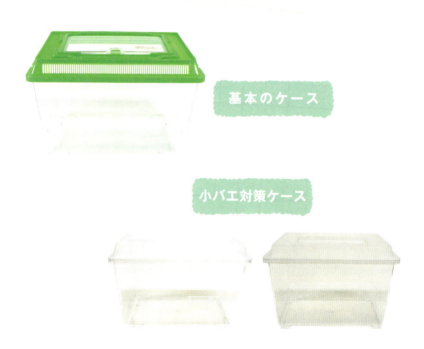

基本のケース

小バエ対策ケース

フタ付きのプラスチックケースで、カブトムシは動きが活発なので大きめのものがいいですね。エサやマットで小バエが発生することがあるので、小バエの侵入(しんにゅう)を防止できるタイプがおすすめです。マットの乾燥を防ぐ効果もありますよ。

第2章 環境をととのえる

幼虫観察用ケース

幼虫時期のケースは、フタができて、ある程度マットが入る大きめの容器であれば、どんなものでも大丈夫です。ただし、デリケートな時期なので、様子を見ようと頻繁に掘り出したりしないように気をつけてください。観察用に作られた薄型のケースや透明のボトルタイプの容器があると、中の幼虫の様子が見やすく便利です。

2Lのペットボトルでも代用できます。カッターナイフで上部を切り、マットと幼虫を入れ、切った上部でフタをします。

発酵マット

マットは寝床(ねどこ)であり、エサです。公園の土ではなく、ふかふかで栄養価の高い市販の昆虫マットを用意しましょう。針葉樹(しんようじゅ)が含まれたものや、園芸用の腐葉土(ふようど)も避けてください。購入後は新聞紙などに広げ、よく混ぜます。乾燥していたら霧(きり)吹きで水分を与え、日陰に1〜2日おいてガス抜きしてから飼育ケースにセットしましょう。

哀川 翔さんが監修したカブトムシ用の最強マット。特殊な発酵マットをブレンドし、幼虫に必要な栄養を豊富に含んでいます。

第2章 環境をととのえる

エサ台

ゼリーを固定するための、穴をあけた木製のエサ台です。マットの上にゼリーを直(じか)に置くとカブトムシがひっくり返してケース内を汚すことがあるので、なるべくこのようなエサ台を利用しましょう。カブトムシがゼリーを食べるために乗ってもグラグラしないよう、大きくしっかりしたものがおすすめです。ただし、飼育ケースに入らないと使えないので、購入前にケースの大きさを確認しておきましょう。

ゼリー

黒糖や果汁などをゼリー状に固めた成虫専用のエサです。栄養価が高く、保存性に優れ、交換もしやすいので、昆虫飼育には欠かせません。いくつか試し、もっとも食いがいいものを選びましょう。また、べたべたするものは糖度が高いので注意してください。食べきるか、食べ残したものが変色したら新しいものと交換します。果物ならバナナかリンゴ。スイカは栄養面からあまりおすすめしません。

第2章 環境をととのえる

朽木・木片

カブトムシはひっくり返るとなかなか起き上がれないので、木片(もくへん)（写真上）などで足場(あしば)をととのえることが大切です。また、地面を歩くのが苦手なので、朽木(くちき)（写真下）など登れるものを入れてあげましょう。カブトムシが体重をかけてもバランスが崩れない、どっしりとしたものがおすすめです。やわらかい木は削れてしまうので向いていません。表面がボコボコした、足がかりのよいものを選びましょう。

その他にあると便利なもの

・霧吹き

カブトムシは乾燥に弱いので、マットの表面が乾燥してきたら霧吹きで水分（水道水で大丈夫です）を与えます。

・計量カップ

飼育ケースにマットを入れるのに使います。

・温度計・湿度計

カブトムシの飼育に適した温度や湿度を保つのに便利です。

・スプーン

卵や幼虫を掘り出したり移動させるとき、
手で触らずにスプーンですくうと安全です。

・軍手

そうじや幼虫の世話など、マットを触る作業で使用します。

・マットプレス

飼育ケースの底にマットを入れるとき、強く押して固めます。

・小バエシート

飼育ケースのフタの内側にかけて、
小バエが入らないようにします。

第2章　環境をととのえる

カブトムシを迎え入れる

カブトムシの飼育はいつからだって始められる

カブトムシの成長スケジュール

卵	1齢	2齢	3齢	〜	蛹	成虫		
7月	8月	9月	10月	11月	5月	6月	7月	8月 9月

成虫から飼い始めたいなら夏。
でも、冬〜春に
幼虫飼育から始めるのもアリ

カブトムシといえば夏のイメージだよな。確かに成虫は夏しかいないけど、でも夏以外も幼虫として生きているわけだから、実は飼育はいつから始めてもいいんだよ。もちろん成虫をペアで飼って、産卵させるのもいいよね。オレのおすすめは、ゴールデンウィーク前に幼虫から飼育を始めること。卵からだとなかなか難しいけど、幼虫からなら蛹化や羽化を観察するチャンスがすぐやって来る。無事に成虫になるとすごく感動するよ。ただし、蛹室作りが始まる6月から羽化する夏まではデリケートな時期だから、採集は我慢だ。

第2章　環境をととのえる

カブトムシを
つかまえに行く

雑木林（ぞうきばやし）は昆虫や生きものがいっぱいだ。なかでもカブトムシは日本全国どこでもいて、採集（さいしゅう）もそんなに難しくない。でも、そこは彼らのフィールドということを忘れちゃダメだ。特に夜は危険もあるので、服装や採集道具などしっかりと準備をして、ルールやマナーを守ろう。それから、子どもだけで行かずに、必ず大人と一緒に行くこと。

帽子
ケガや熱中症を防ぐため、帽子をかぶろう。

リュック
持ち物はリュックに入れて背負うと、両手が自由に使えるよ。

長そで長ズボン
虫さされやケガを防ぐため、夏でも必ず長そでと長ズボンを身に着けよう。

虫かご
カブトムシを入れる容器。中であしが滑らない網目のもので、肩にかけられるタイプがおすすめだ。

運動靴
歩きやすい運動靴がおすすめ。足首まであるトレッキングシューズや長靴も便利だよ。

アミ
木の高い場所にいるカブトムシをつかまえるときに使う。伸び縮みするものが便利だ。

軍手
木や草のトゲや毛虫などから手を守るため、できるだけ着用しよう。

第2章　環境をととのえる

幼虫を
つかまえる

雑木林(ぞうきばやし)の中で、落ち葉が積もって腐葉土(ふようど)になった場所や、朽木(くちき)が崩れて土になりかけているような場所を掘ると、カブトムシの幼虫を見つけることができる。幼虫がいる場所にはコロコロとしたフンが見えることが多く、目印になるんだ。里山の畑の堆肥(たいひ)置き場などにもいるけど、探す場合は必ず持ち主の許可をとってから。幼虫を傷つけないよう、ゆっくりやさしく掘らなければいけないよ。

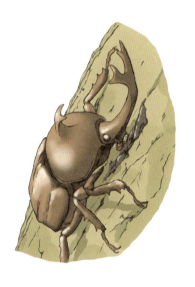

成虫を
つかまえる

夏の昼間、樹液の出ているクヌギやコナラの木をあらかじめ見つけておくと、夜にその木でカブトムシに会える確率は相当高いよ。樹液の出ている木が見つからなくても、"トラップ"を仕掛けておくのもおもしろい。ストッキングにバナナを入れて幹にしばりつけておくんだ。また、夜に灯りに集まる習性があるので、山あいの街灯や自動販売機、ダムの灯りなどの下を見回るのも効果的だ。

第2章　環境をととのえる

ショップで買う

自分でつかまえに行くのももちろん楽しいんだけど、近くに雑木林(ぞうきばやし)がない場合もあるよな。その場合は、ペットショップや昆虫の専門店で購入することもできるよ。成虫を選ぶときにはジタバタと暴(あば)れていたり、ひっくり返っている個体は避(さ)けること。そしてずっしりと重く、あしや触角(しょっかく)が欠けていないもの、エサをよく食べている個体を選ぼう。夏の終わりごろには寿命(じゅみょう)が近づいた個体が多いので、早めの時期に買うことをすすめるよ。

マナーを守ろう

採集のマナー

・危険な場所に近づかないこと
カブトムシのいる場所には危険なこともある。クマやイノシシ、スズメバチなどの危険生物を示す注意書きがあったら十分に注意しよう。落石や急な斜面を示す注意書きがある場所には近づかないことだ。

・畑や田んぼに無許可で入らないこと
畑や田んぼは誰かの持ちものだ。無断で立ち入るようなことは絶対にやめよう。また、雑木林も私有地の場合があるから、近くにいる人に声をかけ、入っていいか確かめてから入ろう。

・ゴミは持ち帰ること
雑木林にはゴミ箱はないんだ。採集に使ったトラップや食事のときに出たゴミなどはまとめて持ち帰り、現地に残さないようにすること。当たり前だね。

飼育のマナー

・飼えなくなった昆虫を野山に放さないこと
面倒になった、増えすぎたなどの理由で、飼っている昆虫を野山に放す人がいるようだけど、病原菌や寄生虫をばらまいたり、その地域に固有の特徴や遺伝子を失うことになりかねない。最後まで責任をもって飼うこと。

第2章 環境をととのえる

温度と湿度の管理

直射日光と
「○○過ぎ」
だけ
注意しろ！

理想の温度
22〜26℃

体感目安
暑すぎず寒すぎず
過ごしやすい

理想の湿度
60〜65％

体感目安
目が乾いたり
肌がカサカサしない
じめじめとした
不快感がない

観葉植物がガンガン育つ環境が
カブトムシにとっても
ベストな環境なんだよ

飼育にもっとも適した温度は 22 〜 26℃と言われるけど、カブトムシは日本の四季に適応している昆虫なので、人が快適に過ごせる環境ならあまり神経質になって管理する必要はないよ。心配なら、飼育ケースのそばに観葉植物をひとつ置いておくといい。その成長ぶりが、環境のよしあしのバロメーターになる。でも、植物と違って直射日光は NG だ。ケースは直射日光の当たらない、風通しのいい場所に置くこと。屋内でも夏場に密閉した部屋でエアコンもかけずにいると、室温が 40℃を超えることがあるので気をつけよう。

カブトムシの正しい持ち方

カブトムシの成虫は頑丈そうに見えるけど、雑に扱うとあしや触角が折れるなど、ケガさせてしまうことがある。幼虫はさらにデリケートで、素手で触ると人の体温でダメージを与えてしまうんだ。カブトムシも生きもの！　正しい知識と愛情をもって慎重に接しよう。

成虫

背中側から腹部の横を、親指と人差し指でつまむように持つ。あしをなかなか離してくれないときは、強引に引っぱるとあしが取れてしまうので、体ごと軽く押してあげると、自らパッと離してくれるよ。

幼虫

幼虫は皮ふが薄く、人の体温で火傷をして弱ってしまうことがあるため、なるべく素手で持たないようにしよう。幼虫の大きさに合ったスプーンで、やさしくすくうのが正しい扱い方だよ。

第 3 章

カブトムシ飼育カレンダー

1 年間の飼育スケジュールを
カレンダーにしてみた。
これを参考に、カブトムシライフを楽しんでくれ

第3章　カブトムシ飼育カレンダー

7月

成虫を1匹飼うのもいいけど、もう少し深く飼育を楽しむなら、オスとメスを一緒に飼うといい。うまくいけばたくさん卵を産んでくれるよ。野外で採集(やがい さいしゅう)したメスは交尾(こうび)済みのことが多いけど、心配なら一度交尾させることだ。

1週 1	2	3	4	5	6	7
2週 8	9	10	11	12	13	14
3週 15	16	17	18	19	20	21
4週 22	23	24	25	26	27	28
5週 29	30	31				

オスとメスを同居させる（17日〜31日以降へ）

ペアリングセットを作る

① ケースに5cmほどマットを敷く

カブトムシがすっぽり潜れる程度に、浅く（5cmくらい）マットを敷く。ここで産卵させることは目的としていないので、浅くていいよ。

② エサ台や足場をセットし、ゼリーを置く

オスとメスの出会いの場としてエサ台をセットし、ゼリーを置く。転倒を防止するため、足場となる朽木なども入れておくといいだろう。

③ 1日絶食させた腹ペコのメスを入れる

羽化後エサを食べ始めて1週間以上経ったメスを1日絶食させ、空腹状態でケースに入れる。すぐ夢中になってゼリーを食べ始めるはずだ。

④ メスがゼリーを食べ始めたらオスを入れる

メスがゼリーを食べ、落ち着いたころにオスを入れる。すぐに交尾しなくても、2〜3日一緒に入れておけば大丈夫。その間に交尾を済ませていることが多いんだ。心配なら1週間ぐらい同居させておこう。

第3章　カブトムシ飼育カレンダー

8月

交尾が済んだら、メスはバナナなどでたっぷり栄養を与え、別に組んだ産卵セットに移そう。オスは産卵の邪魔になるから別居させること。メスがマットに潜ったら産卵の合図だ。産卵後、腹が減るとまたマットから出てくるよ。

1週	1	2	3	4	5	6	7
	産卵セットを作り、オスとメスを別居させる →						
2週	8	9	10	11	12	13	14
3週	15	16	17	18	19	20	21
			産卵				
4週	22	23	24	25	26	27	28
5週	29	30	31				

産卵セットを作る

〜その前に〜

マットには、そのまま使えるタイプと水を加えて混ぜるタイプがある。水を加えるものは、手で強く握ってギュッと固まるくらいに調整する。発酵(はっこう)による熱やにおいがあれば、袋を開けて数日ガス抜きすること。

1 ケースにマットを押し固めながら、5cmほどの高さまで敷(し)く

ケースにマットを入れる。カブトムシはケースの底の固くなったマットに産卵することが多いので、ビンの底などでマットを強く押して固め、ケースの底から5cmくらいまで固いマットが詰(つ)まった状態にするんだ。

2 その上から、マットをやや多めにやわらかく入れる

さらに深さ10〜15cmほどマットを加える。今度はメスが潜りやすいように、固めずやわらかいままにしておこう。

3 ゼリーや足場(あしば)をセットし、交尾を終えたメスを入れる

エサ台とゼリーをセットする。足場となる朽木(くちき)も入れておこう。そこへ交尾を終え、たっぷり栄養をとったメスを入れて、産卵セットの完成だ! 1週間から10日おきにマットをスプーンでそっと堀り、産まれた卵を探そう。

第3章　カブトムシ飼育カレンダー

産卵セットに入れたメスがマットに潜ったままになったり、また出てきてエサを食べたりし始めたら、卵を産んだ可能性が高い。2週間ほど経ったらメスを取り出して別のケースに移し、産卵しているか確かめてみよう。

	1週	2週	3週	4週	5週	6週	7週
1週	1	2	3	4	5	6	7
2週	8	9	10	11	12	13	14
3週	15	16	17	18	19	20	21
4週	22	23	24	25	26	27	28
5週	29	30	31				

産卵チェック（17〜28日）

卵を産んでいるかチェック

産卵セットに入れたメスは、早いとその日のうちに卵を産み始める。チェックはあまり頻繁に行わず、1週間から10日おきに、卵を傷つけないように注意して行うこと。しばらく経っても産んでいなければ、セットに問題があるかもしれない。

カブトムシの卵。産卵直後の直径は3mmほど。
手で触らず、そっとスプーンですくって観察しよう。

卵はそのまま放置すること

カブトムシの卵　　　　　2齢幼虫　　1齢幼虫

卵を回収することもできるが、すくうときや移動させるときに割れてしまうことがあるので、孵化して幼虫になってから回収した方が安全だ。産卵を確認してから1～2か月後、産卵セットの中身を新聞の上などにひっくり返すと、たくさんの幼虫が現れる。回収した幼虫は手で触らずにスプーンですくい、新しいマットを入れた別の飼育ケースに移そう。

第3章 カブトムシ飼育カレンダー

産卵セットを組んで1〜2か月後、幼虫を回収する。幼虫のエサは発酵マットだ。水分調整とガス抜きをして飼育ケースに詰め、そこに取り出した幼虫を入れる。マットが乾燥しないようにときどき霧吹きで水分を与えよう。

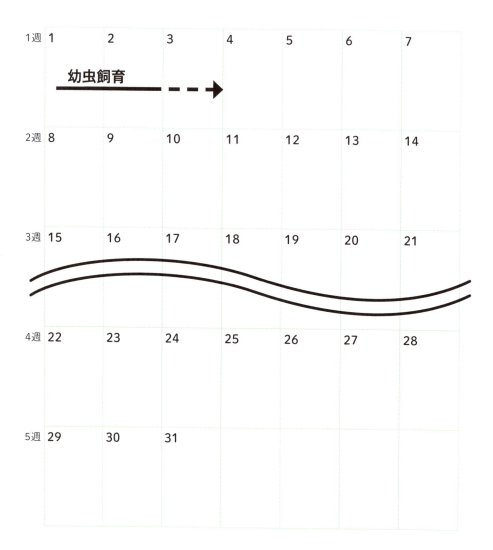

幼虫を回収する

3齢幼虫

産卵セットをひっくり返すと、小さい幼虫と大きな幼虫が出てくる。小さい幼虫は1〜2齢、大きな幼虫は3齢で、産卵された時期によって成長に違いが出るんだ。1〜2齢幼虫も1〜2か月ほどで脱皮して、3齢幼虫になるよ。脱皮したばかりの3齢は体長4cmくらいだけど、モリモリとマットを食べて体長8〜12cmにも育つんd。

オスとメスの見分け方

幼虫のお腹

オス

肛門の上1〜2cmの部分に、黒い「V」字型のマークがある

メス

オスのようなマークがない。

大きく育った幼虫の腹側、おしり（肛門）から1〜2cm上の部分をよく見ると、オスとメスを見分けることができる。オスは角が大きく成長するため、蛹室を大きく作れるよう、ケースも大きめのものにするといいね。ただし個体によっては見分けにくいこともある。無理に見分けようとして、幼虫を触りすぎると弱ってしまうので気をつけよう。

第3章 カブトムシ飼育カレンダー

幼虫飼育

① 高さのあるビンやケースにマットを入れる
インスタントコーヒーのビンなど高さのある容器に、ガス抜きや水分調整をしたマットを入れ、容器をゆすったり底を軽くたたいて軽く固める。幼虫がたくさんとれた場合は、大きめのプラケースで何匹かまとめて飼ってもいい。

② マットの表面にくぼみをつけ、スプーンで幼虫を入れる
スプーンでマットの表面に、幼虫がすっぽり入るぐらいのくぼみを作る。そこへスプーンですくった幼虫を入れる。素手で幼虫を触ると、その熱で弱ったり雑菌がついてしまうので、必ずスプーンを使おう。

③ 幼虫の上からスプーンでマットをかぶせる
くぼみに入れた幼虫が潜り始めたら、その上からスプーンでマットをかぶせよう。

④ フタをしてラベルシールを貼る
最後にフタをし、中身がわかるように日付や幼虫の性別、大きさなどを書いたラベルシールを貼る。幼虫の成長やマット交換の記録を書き加えていくと、飼育管理に役立つ。フタには小さな穴をたくさん空けておこう。

幼虫飼育のポイント

"ムシ密度"は大丈夫?

ひとつのケースにたくさんの幼虫を入れると、密度が高くなって幼虫がストレスを感じ、マットの上に出てくることがある。こんなときは別のケースを用意して幼虫を個別に飼うか、大きなケースに移そう。

フンが目立ってきたらマットを交換

マットの上にフンがたくさん目立ってきたら、幼虫のエサがなくなってきた合図。すぐにフンをとりのぞき、新しいマットに交換しよう。

マットの湿り気をチェック

水を加えて使うタイプの発酵マットの場合、水の量が多すぎないように気をつけよう。ジメジメしているようなら新しいマットを追加して、手で強く握ると団子状になり、つつくとすぐにほぐれるくらいに調整すること。

マットの温度をチェック

発酵が進み、マット内の温度が上がることがある。このとき、発生するガスで幼虫が息苦しくてマットの上に出てきてしまう。飼育中のマットが熱をもっていたら、少しフタを開けてガスを抜き、温度を下げよう。

第3章　カブトムシ飼育カレンダー

たっぷりとマットを食べて育った幼虫は、この時期になると成虫の前段階である「蛹(さなぎ)」になるため、蛹室(ようしつ)を作り始める。蛹室はこれから成虫になるまでの約2か月を過ごす大切な部屋なので、触ったり壊したりしないように。

1週 1	2	3	4	5	6	7

蛹室作り　→

2週 8	9	10	11	12	13	14

3週 15	16	17	18	19	20	21

蛹化　→

4週 22	23	24	25	26	27	28

5週 29	30					

蛹室を作り始めたら、あとは見守るだけ

左の写真は、蛹室を作り、蛹になる直前の幼虫だ。十分に成長した幼虫はマットを食べるのをやめ、体から分泌液を出して蛹室を作り始める。完成すると皮ふが厚くしわだらけになり、動かなくなる。この状態を前蛹という。飼育ケースでは壁面を利用して蛹室を作ることが多いので、透明のケースだと運がよければ蛹化や羽化のシーンが観察できる。

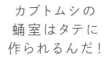

カブトムシの蛹室はタテに作られるんだ！

第3章 カブトムシ飼育カレンダー

観察しよう！〜蛹化〜

この状態になったら、いよいよ蛹化の始まり

5分後、まず背中と頭部が割れる

2時間後、角が完全に伸びて体に色がつく

10分後、脱皮が終わり、角が伸びる

幼虫が蛹になることを「蛹化」という。大きく成長した幼虫が蛹室を作り始めてから約2〜3週間で、蛹化が始まる。動いて逃げることができないので、カブトムシの一生のうちでもっとも無防備で危険な時間なんだ。

2分後、頭部が大きく割れて、胸角と頭角が現れる

3分後、半分ほど脱皮する

2分後、さらに脱皮する

3分後、ほぼ脱皮完了

第3章　カブトムシ飼育カレンダー

7月

蛹化からおよそ20日後、最後の脱皮をして成虫になる。これを「羽化」という。この新成虫は弱いので、自力でマットの外へ脱出してくるまで見守ること。エサを食べ始めたら成熟のサイン。またカブトムシ飼育の1年がスタートだ。

	1	2	3	4	5	6	7
1週							
2週	8	9	10	11	12	13	14
3週	15	16	17	18	19	20	21
4週	22	23	24	25	26	27	28
5週	29	30	31				

羽化：1日〜14日
オスとメスを同居させる：17日〜28日

成熟するまでまだまだ見守る

羽化が始まって1日ほど経つと、蛹室（ようしつ）の中には立派な成虫となったカブトムシが見られる。嬉しくなってつい掘（ほ）り出してしまいたくなるだろうが、ここは我慢だ。新成虫はまだ体が固まっておらず、完全に固まるまでは1週間から10日ほどかかる。成熟してお腹がすくと、自力でマットの外へと出てくるので、それまで待とう。エサを食べ始めた成虫はもう交尾（こうび）できる。

立派に育ったカブトムシ。成熟したらペアリングさせて、また卵から飼育するのも楽しみだ

第3章　カブトムシ飼育カレンダー

観察しよう！〜羽化〜

羽化直前の様子

5分後、前あしと中あしを動かして羽化を始める

翌日、色づきがほぼ完了。固まるまでもうしばらく待つ

3時間後、上ばねが色づき始める

蛹が脱皮して成虫になることを「羽化」という。羽化は1日ほどで終わるが、羽や体が完全に固まるには1週間以上かかる。一見取り出してもよさそうに見えても、カブトムシが自力でマットの外へ出てくるまでは触らずに待とう。

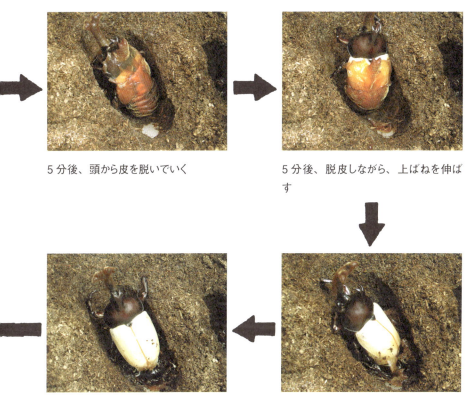

5分後、頭から皮を脱いでいく

5分後、脱皮しながら、上ばねを伸ばす

7分後、上ばねまで脱皮

5分後、上ばねを閉じて、後ろばねを乾かす

コラム②

カブトムシの正しい測り方

2015年6月、オレの飼育場で羽化したカブトムシのオスは、むし社で正確に計測してもらったところ88ミリの特大個体で、カブトムシのギネス最大記録となった。なかには自分のカブトムシを大きく見せるために、角の角度などを調整して最大値を求めようとする人がいるが、それではちゃんとした比較対象にならない。カブトムシの場合、測るのは頭の角の先から上ばねの先までで、腹部は含めない。頭は下げた状態で角を前に出し、胸と上ばねの間は空きすぎないようにするのが正しい測り方だ。

第4章
世界のカブトムシを飼ってみる

世界にはカッコいいカブトムシがたくさんいる。
飼育に慣れたら、
ほかの種類を飼ってみるのもいいんじゃない？

第4章　世界のカブトムシを飼ってみる

誰もが知っている!?　世界最長のカブトムシ
ヘラクレスオオカブト

DATE
分　　布　メキシコ南部〜南アメリカ中北部、
　　　　　小アンチル諸島
サ イ ズ　♂55.8〜175.0mm
　　　　　♀48.0〜78.0mm
幼虫期間　♂12〜16か月
　　　　　♀10〜12か月
成熟期間　2〜3か月
成虫寿命　約1年
温度管理　25℃(通年)

中南米原産で大きいものでは18センチ近くにもなる、世界最長かつもっとも人気のあるカブトムシだ。何より、この存在感が素晴らしい。成虫、幼虫ともに飼育はしやすいが、幼虫期間は1年半から2年と長いからそのつもりで。

ヘラクレスオオカブトの成長スケジュール

1年目	夏	交尾	＊十分に成熟（せいじゅく）したペアを1週間同居させる
		産卵	＊交尾（こうび）を終えたメスを、産卵（さんらん）セットを組んだ別のケースに入れる
	秋	孵化	＊幼虫は1匹ずつ、マットを詰（つ）めたプリンカップで管理する ＊フンが目立ってきたらマットを交換し、成長に合せて容器を大きくしていく ＊大きく育てたければ、あらかじめ大きめのケースに移しておく
2年目	夏	蛹（♀） 羽化（♀）	＊蛹（さなぎ）になったら触らないこと ＊羽化（うか）しても自力で出てくるまで待つ （オスの幼虫はそのまま飼育を続ける）
3年目	夏	蛹（♂） 羽化（♂）	＊蛹になったら触らないこと ＊羽化しても自力で出てくるまで待つ

※温度・湿度の管理、マットの水分調節などの基本的な世話は年間通して行ってください。

第4章　世界のカブトムシを飼ってみる

世界最強・アジア最大のカブトムシ
コーカサスオオカブト

DATE
分　布　インドシナ半島、マレー半島、
　　　　スマトラ島、ジャワ島
サイズ　♂45.0〜135.0㎜
　　　　♀50.0〜74.0㎜
幼虫期間　1〜2年
成熟期間　2か月
成虫寿命　3〜4か月
温度管理　25℃（通年）

東南アジア最大、かつ世界最強と言われるカブトムシ。メタリックに輝く黒い体と、胸部に3本、頭部に1本ある長い角が特徴。気性が荒く、ケンカっぱやい。飼育は難しくないが、高地に生息するため暑さは苦手だ。

コーカサスオオカブトの成長スケジュール

1年目	夏	交尾	*十分に成熟したペアを1週間同居させる
		産卵	*交尾を終えたメスを、産卵セットを組んだ別のケースに入れる
	秋	孵化	*幼虫は1匹ずつ、マットを詰めたプリンカップで管理する *フンが目立ってきたらマットを交換し、成長に合せて容器を大きくしていく *大きく育てたければ、あらかじめ大きめのケースに移しておく
2年目	夏	蛹(♀) 羽化(♀)	*蛹になったら触らないこと *羽化しても自力で出てくるまで待つ (オスの幼虫はそのまま飼育を続ける)
	秋	蛹(♂) 羽化(♂)	*蛹になったら触らないこと *羽化しても自力で出てくるまで待つ

※温度・湿度の管理、マットの水分調節などの基本的な世話は年間通して行ってください。

第4章　世界のカブトムシを飼ってみる

海外産カブトムシ入門に最適！
アトラスオオカブト

DATE
分　布　　インド北東部〜インドシナ半島、
　　　　　マレー半島、東南アジア一帯
サイズ　　♂ 45.0〜110.0mm
　　　　　♀ 45.0〜63.0mm
幼虫期間　1〜2年
成熟期間　2か月
成虫寿命　5〜6か月
温度管理　25℃(通年)

コーカサスオオカブトによく似ているが、角の形が少し違う。やはり気性が荒く、よくケンカする。流通量が多く、ペットショップやホームセンターでも見かける。飼育はしやすいが暑さに弱いので、25℃前後を保って飼育しよう。

アトラスオオカブトの成長スケジュール

1年目			
	夏	交尾	＊十分に成熟したペアを1週間同居させる
		産卵	＊交尾を終えたメスを、産卵セットを組んだ別のケースに入れる
	秋	孵化	＊幼虫は1匹ずつ、マットを詰めたプリンカップで管理する ＊フンが目立ってきたらマットを交換し、成長に合せて容器を大きくしていく ＊大きく育てたければ、あらかじめ大きめのケースに移しておく

2年目			
	夏	蛹	＊蛹になったら触らないこと
	秋	羽化	＊羽化しても自力で出てくるまで待つ

※温度・湿度の管理、マットの水分調節などの基本的な世話は年間通して行ってください。

第4章　世界のカブトムシを飼ってみる

愛らしさと力強さを兼ね備えたカブトムシ
サタンオオカブト

DATE
分　布　　ボリビア
サ イ ズ　　♂55.0〜115.0㎜
　　　　　　♀45.0〜65.0㎜
幼虫期間　1年半〜2年半
成熟期間　4〜6か月
成虫寿命　6か月〜1年
温度管理　成虫飼育16〜25℃　幼虫飼育18〜21℃

胸角(きょうかく)の下に金色の毛が密生(みっせい)し、複眼(ふくがん)が大きく愛らしい表情をしている。高温大敵(こうおんたいてき)で、安定した環境を保つ必要があるなど、飼育は難しい。ファンは多いがとにかく入手困難で、高価。でもチャンスがあれば一度は飼ってみたいね。

サタンオオカブトの成長スケジュール

1年目

夏	交尾	*十分に成熟したペアを1週間同居させる
	産卵	*交尾を終えたメスを、産卵セットを組んだ別のケースに入れる
秋	孵化	*幼虫は1匹ずつ、マットを詰めたプリンカップで管理する *フンが目立ってきたらマットを交換し、成長に合せて容器を大きくしていく *大きく育てたければ、あらかじめ大きめのケースに移しておく

2年目

夏	蛹(♀) 羽化(♀)	*蛹になったら触らないこと *羽化しても自力で出てくるまで待つ
	（オスの幼虫はそのまま飼育を続ける）	
秋	蛹(♂) 羽化(♂)	*蛹になったら触らないこと *羽化しても自力で出てくるまで待つ

※温度・湿度の管理、マットの水分調節などの基本的な世話は年間通して行ってください。

第4章　世界のカブトムシを飼ってみる

美しき白いカブトムシ
グラントシロカブト

DATE

分　布	アメリカ合衆国（ユタ州、アリゾナ州、ニューメキシコ州）
サイズ	♂ 35.0〜85.0mm
	♀ 32.0〜51.0mm
幼虫期間	8〜18か月
成熟期間	1か月
成虫寿命	3〜5か月
温度管理	成虫飼育24〜28℃　幼虫飼育22〜26℃

北アメリカ原産の白いカブトムシだ。ヘラクレスオオカブトに似ているが小型でとても美しい。成虫、幼虫ともに飼育しやすいが、卵や幼虫の期間が長く、成虫になるには2年近くかかるから、根気よく飼育することが大切だ。

グラントシロカブトの成長スケジュール

1年目			
夏		交尾	＊十分に成熟したペアを1週間同居させる
		産卵	＊交尾を終えたメスを、産卵セットを組んだ別のケースに入れる
秋		孵化	＊幼虫は1匹ずつ、マットを詰めたプリンカップで管理する ＊フンが目立ってきたらマットを交換し、成長に合せて容器を大きくしていく ＊大きく育てたければ、あらかじめ大きめのケースに移しておく
2年目 夏		蛹	＊蛹になったら触らないこと
秋		羽化	＊羽化しても自力で出てくるまで待つ

※温度・湿度の管理、マットの水分調節などの基本的な世話は年間通して行ってください。

全国昆虫ショップリスト

※カブトムシなど昆虫専門のお店を中心に、昆虫の扱いがあるペットショップ、
　昆虫飼育グッズを販売しているお店をご紹介しています

※店舗情報は2016年6月現在のものです。
　事情により営業日時等が変更になることがありますので、事前にお店にご確認ください

北　海　道

むし博士

住所 ● 札幌市西区西町北 15 丁目 1-1
TEL/FAX ● 011-590-1164
HP ● http://www.mushi-hakase.com/
営業 ● 14:00 〜 22:00
定休 ● 水・日曜

フォーシーズン

住所 ● 札幌市東区本町一条 4 丁目 6-20
TEL/FAX ● 011-789-9864
HP ● http://www.4-seasnet.com/
営業 ● 4 月〜 9 月 10:00 〜 20:00
　　　土・日曜・祝日 10:00 〜 19:00
　　　10 月〜 3 月 10:00 〜 19:00
　　　土・日曜・祝日 10:00 〜 18:00
定休 ● 水曜・年末年始

青　森　県

ファーブルハウス

住所 ● 青森市浜館字間瀬 8
TEL ● 017-762-7312
HP ● http://www.fabre-house.info/
営業 ● 13:00 〜 19:00
定休 ● 月・火曜（祝日営業）

ウェスパ椿山 昆虫館

住所 ● 西津軽郡深浦町舮作鍋石 226-1
TEL ● 0173-75-2261
FAX ● 0173-75-2812
HP ● http://www.wespa.jp/
営業 ● 9:00 〜 18:00（11 〜 3 月は要問合）

秋　田　県

昆虫専門店 Ruru's

住所 ● 秋田市牛島西 4-23-12
TEL/FAX ● 018-839-1835
HP ● http://www9.plala.or.jp/ruruzuharata/
営業 ● 11:00 〜 19:00
定休 ● 火・水曜

東　京　都

パイネ

住所 ● 荒川区東日暮里 1-10-9 宮下ビル 4F
TEL/FAX ● 03-3806-4441
HP ● http://www.pa-m.com/
営業 ● 金・土・日曜 13:00 〜 20:00
※生体の販売は行っていません

モンスター

住所 ● 江戸川区大杉 5-5-6
TEL ● 03-3653-3824
FAX ● 03-5607-2733
HP ● http://www.monster7.com/
営業 ● 20:00 〜 22:00
　　　土曜 14:00 〜 22:00
　　　日曜・祝日 11:00 〜 20:00
定休 ● 水曜（祝日営業）

（有）むし社

住所 ● 中野区中野 2-23-1-209
TEL ● 03-3383-1461 〜 2
FAX ● 03-3383-1417
HP ● http://homepage2.nifty.com/mushi-sha/
営業 ● 11:00 〜 20:00

ドルクスグッズ 中野店

住所 ● 中野区中野 2-11-6 1F
TEL ● 03-3380-3661
HP ● http://www.dgnakano.com/
営業 ● 13:00 〜 19:00
　　　　土・日曜・祝日 12:00 〜 19:00
定休 ● 水曜 （その他臨時休業有）

オオクワキング

住所 ● 杉並区宮前 2-21-7
TEL ● 070-5661-0538
HP ● http://www.kingss.com/
営業 ● （店舗）水・土・日曜 15:00 〜 18:00
　　　　（通販）定休なし

ランバージャック

住所 ● 小金井市中町 2-9-3
TEL ● 042-316-1316
FAX ● 042-316-1317
HP ● http://www.lumber-j.com/
営業 ● 11:00 〜 21:00
　　　　日曜・祝日 10:00 〜 20:00
定休 ● 木曜 （祝日営業）

神 奈 川 県

昆虫ショップ ヘラクレスの里

住所 ● 横浜市鶴見区佃野町 3-1
TEL/FAX ● 045-834-7217
HP ● http://herasato-s.com/
営業 ● 13:00 〜 20:00
　　　　土・日曜・祝日 12:00 〜 19:00
　　　　（臨時休業有）
定休 ● 水曜 （祝日営業）

湘南ワールド

住所 ● 小田原市新屋 140 フローラル村越 102
TEL/FAX ● 0465-37-0657
営業 ● 10:00 〜 22:00
定休 ● 年中無休 （臨時休業有）

グリーンハウス

住所 ● 相模原市中央区矢部 3-1-8
TEL/FAX ● 042-757-7702
HP ● http://store.shopping.yahoo.co.jp/
　　　　igreenhouse/
営業 ● 15:00 〜 20:00
　　　　土・日曜・祝日 12:30 〜 20:00
定休 ● 月曜

埼 玉 県

カブクワファーム

住所 ● さいたま市大宮区桜木町 2-204
TEL ● 048-729-4657
HP ● http://www.kabukuwafarm.com/

ドルクスグッズ 浦和店

住所 ● さいたま市南区白幡 3-4-8
TEL ● 048-865-5111
FAX ● 048-865-2166
HP ● http://homepage3.nifty.com/dg/
営業 ● 4 〜 12 月　10:00 〜 19:00
　　　　土曜 10:30 〜 20:00
　　　　日曜・祝日 10:30 〜 19:00
　　　　1 〜 3 月　平日・土曜 10:30 〜 19:00
　　　　日曜・祝日 10:30 〜 18:00
定休 ● 1 〜 3 月　水曜
　　　　4 〜 12 月　無休

クワカブランド

住所 ● 朝霞市本町 1-2-26 WJ・A1 ビル 301
TEL ● 048-469-2959
携帯 ● 090-4127-1082
営業 ● 13:00 〜 21:00
　　　　土・日曜・祝日 11:00 〜 20:00
定休 ● 火曜（祝日営業）

千 葉 県

習クワ

住所 ● 習志野市本大久保 1-5-10 白光舎ビル 2F
TEL ● 047-474-5177
FAX ● 047-474-5189
HP ● http://www.narakuwa.jp/
営業 ● 14:00 〜 20:00　水曜 14:00 〜 22:00
　　　　土曜 12:00 〜 20:00　日曜・祝日 12:00 〜 18:00
定休 ● 木曜

マイセリア（Kobayashi）

住所 ● 成田市不動ヶ岡 1111-1 コアホームビル 101 号
TEL ● 0476-23-5120
携帯 ● 090-3098-7734
HP ● http://www.kuwagata.ne.jp/
営業 ● 14:00 〜 20:00
定休 ● 火曜

クワガタ販売の
九十九里クワガタファーム

住所 ● 山武市松ヶ谷口 3262-65
TEL ● 0475-80-3795
携帯 ● 070-2160-9990
HP ● http://99kuwa.com/
営業 ● 11:00 〜 18:00
　　　　土・日曜・祝日 10:00 〜 18:00
定休 ● 木曜

茨 城 県

ブラッキーズ

住所 ● 神栖市日川 1918-212
TEL/FAX ● 0299-94-3288
営業 ● 13:00 〜 18:00
定休 ● 不定休

山 梨 県

ドルクス・ジャパン

住所 ● 山梨市万力 1109-3
TEL/FAX ● 0553-21-7009
営業 ● 10:00 〜 19:00
定休 ● 平日不定休（7 月中旬 〜 9 月上旬は無休）

新 潟 県

ジャングル・キング

住所 ● 三条市東新保 10-43
TEL/FAX ● 0256-36-2955
携帯 ● 090-3063-5375
HP ● http://www.ginzado.ne.jp/~marutora/
営業 ● 10 〜 4 月　13:00 〜 19:00
　　　　土・日曜・祝日 10:00 〜 18:00
　　　　5 〜 9 月　13:00 〜 20:00
　　　　土・日曜・祝日 10:00 〜 19:00
定休 ● 火曜

H.R.N.dorcus

住所 ● 新潟市西区寺尾台 2-4-46
TEL ● 090-7428-9380
HP ● http://www5f.biglobe.ne.jp/~laevi/
営業 ● 木・金曜 18:30 〜 20:00（臨時休業有）
　　　　土・日曜・祝日 13:00 〜 20:00
定休 ● 月・火・水曜

富山県

富山のクワ貧
住所 ● 富山市黒崎 38-6 インタービル 102
TEL/FAX ● 076-407-0656
HP ● http://kuwahin.ocnk.net/
営業 ● 12:00 〜 20:00
定休 ● 金曜

石川県

昆虫ショップアリスト
住所 ● 河北郡津幡町字清水イ 142 番地 1
TEL/FAX ● 076-288-6483
携帯 ● 090-9662-5550
HP ● http://www.aristo-k.jp/
営業 ● 12:00 〜 17:00
定休 ● 水曜（祝日営業）

福井県

昆虫ショップ GHOST
住所 ● 福井市丸山 2 丁目 814-2
TEL/FAX ● 0776-63-6403
HP ● http://www.ghostis.com/
営業 ● 12:00 〜 19:30
　　　　土・日曜・祝日 11:00 〜 19:00
定休 ● 水曜

美山かぶと普及会
住所 ● 福井市間戸町 16-6
TEL/FAX ● 0776-90-1002
HP ● http://www.shokokai.or.jp/
　　　100/18/1830210153/
営業 ● 8:00 〜 17:00
定休 ● 年中無休

愛知県

クワガタ・カブト虫 ホビー倶楽部
住所 ● 豊川市美園 3-8-5
TEL ● 0533-72-5606
HP ● http://www.hobby-club.jp/
営業 ● 12:00 〜 20:30
定休 ● 月・火・金曜

（株）昆虫王国
住所 ● 名古屋市中川区露橋一丁目 8-13
　　　　新星ビル 2F
TEL ● 052-398-5092
FAX ● 052-398-5093
HP ● http://www.kontyuu-oukoku.co.jp/
営業 ● 12:00 〜 19:00
定休 ● 火・水曜

くわかぶプラネット
住所 ● 知立市鳥居 3-2-7
TEL ● 0566-91-4482
FAX ● 0566-91-4483
HP ● http://www.kuwakabuplanet.com/
営業 ● 11:00 〜 22:00
定休 ● 年中無休

岐阜県

台場クヌギの森 くわがた村本店
住所 ● 岐阜市日野北 6-19-5
TEL/FAX ● 058-240-6301
HP ● http://www.kuwagatamura.com/shop/
営業 ● 12:00 〜 19:00
定休 ● 火・水曜

くわがた村 東濃店
住所 ● 多治見市明和町 5-76
TEL/FAX ● 0572-26-8768
HP ● http://www.kuwagatamura.com/shop/
営業 ● 日曜 12:00 〜 19:00

静岡県

D&U オオクワハウス
住所 ● 富士宮市野中東町 117　1F
TEL ● 0544-25-6750
FAX ● 0544-25-6751
HP ● http://www.h5.dion.ne.jp/~dandu/
営業 ● 11:00 〜 19:30
　　　　土・日曜・祝日 10:00 〜 19:00
定休 ● 木曜（祝日営業）

リトル・ファーブル
住所 ● 静岡市駿河区国吉田 4-5-31 吉国ハイツ 1F
TEL/FAX ● 054-263-7851
HP ● https://machipo.jp/location/3810
営業 ● 12:00 〜 20:00
定休 ● 木曜　第 3 日曜

三重県

クワガタ横丁
住所 ● 松阪市伊勢寺町 415
TEL ● 0598-63-1164
FAX ● 0598-63-1165
HP ● http://www.9845.jp/
営業 ● 13:00 〜 19:00
　　　　土曜 11:00 〜 19:00
　　　　日曜・祝日 11:00 〜 18:00
定休 ● 月・火曜（祝日営業、翌日振替）

大阪府

INSECT SHOP GLOBAL
住所 ● 大阪市北区長柄中 1-3-19
　　　　B・LIBERI 1 階
TEL ● 06-6354-9222
FAX ● 06-6354-9223
HP ● http://www.globalosaka.co.jp/
営業 ● 14:00 〜 21:00
　　　　土・日曜・祝日 12:00 〜 20:00
定休 ● 月曜　第 2 土〜月曜　3 連休

株式会社 NESiA
住所 ● 池田市神田 2-6-18 イーグル 1F
TEL ● 072-735-7367
FAX ● 072-735-7368
HP ● http://www.ookuwa-nesia.com/
営業 ● 12:00 〜 20:00
　　　　土・日曜・祝日 10:00 〜 20:00
定休 ● 木曜

ディナステス
住所 ● 高槻市古曽部町 1-2-17
TEL ● 072-681-2113
FAX ● 072-681-2133
HP ● http://dexinasutesu.jimdo.com/
営業 ● 9:00 頃 〜 19:00 頃
　　　　土・日曜・祝日　11:00 頃 〜 19:00 頃
定休 ● シーズンオフの土・日曜・祝日は不定休

昆虫ショップ V
住所 ● 泉南市幡代 2-30-9
TEL/FAX ● 072-424-6521
HP ● http://www.fishingv.com/
営業 ● 11:00 〜 18:00
定休 ● 水曜

兵　庫　県

くわがた村　三田店
住所 ● 三田市須磨田字野寺 535-3
TEL ● 079-568-1055
HP ● http://www.kuwagatamura.com/shop/
営業 ● 12:00 〜 18:00
定休 ● 火・水曜

キングドルクス
住所 ● 加古川市加古川町北在家 581-1　北店舗 A 号
TEL/FAX ● 079-441-9864
HP ● http://www.kingdorcus.com/
営業 ● 13:00 〜 19:00
　　　　土・日曜・祝日 11:00 〜 19:00
定休 ● 水曜（祝日営業）

京　都　府

オオクワ京都昆虫館
住所 ● 向日市向日町南山 56-7
TEL ● 075-931-5006
FAX ● 075-931-5166

滋　賀　県

むし道楽
住所 ● 草津市平井 3 丁目 9-18
TEL ● 077-563-6437
HP ● http://www5e.biglobe.ne.jp/~obara/
営業 ● 18:00 〜 20:30　祝日 13:30 〜 20:30
定休 ● 火・水曜（祝日営業）

奈　良　県

東海クワガタ販売
住所 ● 大和高田市高田 1415 番地 3
TEL/FAX ● 0745-23-1112
営業 ● 15:00 〜 19:00（要確認）
　　　　土・日曜・祝日 13:00 〜 19:00

GROW
住所 ● 磯城郡田原本町南町 414 Y カーサ 1F
TEL/FAX ● 0744-32-3170
携帯 ● 090-2106-5852
HP ● http://www5e.biglobe.ne.jp/~grow/
営業 ● 月・火曜 17:00 〜 20:00
　　　　金・土・日曜・祝日 13:00 〜 20:00
定休 ● 水・木曜

岡山県

すみやペット観賞魚
住所 ● 岡山市南区豊浜町 1-45
TEL ● 086-224-7840
FAX ● 086-222-1811
HP ● http://sumiya.blog5.fc2.com/
営業 ● 10:00 〜 20:00
定休 ● 木曜

D.D.A ism
住所 ● 岡山市南区藤田 647-74
TEL/FAX ● 086-296-8347
携帯 ● 090-8246-3137
HP ● http://dda.toybox.me/ddaism/
定休 ● 不定休

トップドルクス
住所 ● 倉敷市西坂 1969-4
TEL/FAX ● 086-425-7663
HP ● http://top-dorcus.daa.jp/
営業 ● 土曜 10:00 〜 19:00
　　　日曜 10:00 〜 18:00
　　　（7 月 16 日〜 8 月末は毎日営業／
　　　冬季は閉店 1 時間短縮）

愛媛県

向井虫店
住所 ● 伊予市上野 2239-1
TEL ● 089-983-6418
FAX ● 089-983-6403
HP ● http://www.mukai-mushiten.com/
営業 ● 13:00 〜 20:00　土・日曜 16:30 〜 20:00
定休 ● 月曜中心の不定休

福岡県

かぶとむし養殖工房 ダイナステス
住所 ● 八女郡広川町藤田 699-24
　　　（※ 2016 年 8 月から）
TEL ● 090-4585-2887
HP ● http://dynastes.jimdo.com/
営業 ● 13:00 頃〜夕方（不定時）
定休 ● 第 3 土曜

大分県

ドルクスファーム かぶくわ
住所 ● 中津市牛神 105-2
TEL/FAX ● 0979-23-3448
HP ● http://www.df-kabukuwa.com/
営業 ● 15:00 〜 20:00
　　　土曜 12:00 〜 20:00
　　　日曜・祝日 10:00 〜 18:00
定休 ● 水・金曜（祝日営業）

宮崎県

クワガタショップ MD
住所 ● 宮崎市清武町正手 2-81-3
TEL ● 0985-85-1115
FAX ● 0985-85-2781
HP ● http://okuwaspirit.web.fc2.com/
営業 ● 16:00 〜 19:00
　　　土・日曜・祝日 13:00 〜 18:00
定休 ● 金曜

昆虫ショップへ行こう！

東京・中野 むし社

店内にはたくさんの昆虫たち。「1日眺めている人もいますよ」と店員さん。シーズン以外にも、幼虫販売はもちろん、豊富な飼育グッズ、貴重な標本などを目当てに多くのむしファンが訪れる。

ここはJR中野駅を降りて徒歩2分のところにある、昆虫好きの聖地・むし社。雑居ビルの2階にある店舗では、クワガタ、カブトムシを中心に国内外の昆虫の生体が販売されていて、実際に手にとって触ることもできます。また、標本、各種昆虫飼育用品、昆虫関連の書籍も販売。豊富な知識をもった店員さんにいろいろと質問するのも楽しいですよ。お近くにお住まいでない方には、オンラインショップ<http://www.mushi-sha.com/>もおすすめです。

むし社

住所 ● 〒164-0001　東京都中野区中野 2-23-1　ニューグリーンビル 209 号室
TEL ● 03-3383-1461 〜 2
FAX ● 03-3383-1417
HP ● http://homepage2.nifty.com/mushi-sha/
オンラインショップ ● http://www.mushi-sha.com/
店舗営業時間 ● 11：00 〜 20：00（年中無休）

ブックマン社　おすすめの本

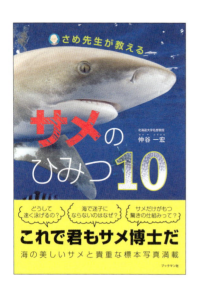

さめ先生が教える
サメのひみつ10
仲谷一宏　著

本体1,500円　A5判
ISBN978-4-89308-862-8

口が下向きなのはなぜ？　歯がどんどん生えかわるってホント？　サメにはおちんちんが2つあるの？　サメは魚でありながら、ほかの魚とはちょっと違う。強く、カッコよく進化したサメたちのひみつを、北大名誉教授の"さめ先生"がやさしく解説。

サメ　―海の王者たち―
改訂版
仲谷一宏　著

本体3,600円　B5判
ISBN978-4-89308-861-1

サメファンのバイブルとして親しまれた『サメ―海の王者たち』をリニューアル。新しい分類体系に対応し、現生の9目34科105属の代表種を解説。摂餌、遊泳、生殖、分布、シャークアタックまで、サメの最新事情がこの1冊に！　世界全509種の最新リスト付。

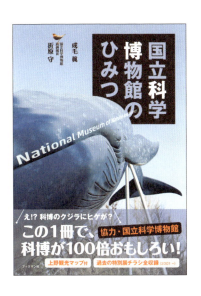

国立科学博物館のひみつ
成毛眞　折原守　著

本体1,800円　A5判
ISBN978-4-89308-845-1

博物館オタクの成毛眞と、科博前副館長の折原守が、知られざる科博のディープな世界をご案内。上野の日本館をはじめ、巨大バックヤードである筑波研究施設への潜入取材、チラシで振り返る特別展の歴史など、科博が100倍おもしろくなる情報が満載!

絶滅した奇妙な動物シリーズ
生命のはじまり 古生代
川崎悟司　著

本体1,500円　A5判
ISBN978-4-89308-846-8

生命が誕生し、爆発的進化を遂げた古生代。アノマロカリスやハルキゲニアなどカンブリア紀のスターから、その後に登場した両生類、爬虫類、哺乳類型爬虫類など、古生代の奇妙な動物たちをオールカラーで復元。目、アゴ、手足の起源にも迫る。

監修：哀川 翔　Show AIKAWA

1961年生まれ。鹿児島県出身。一世風靡セピアの一員としてデビュー以降、ドラマ、映画、舞台など多方面で活躍。昆虫好きとしても知られ、本格的な飼育を始めて約15年になる。2015年にはギネス級サイズの巨大カブトムシや、珍しい雌雄同体のカブトムシを羽化させた。

はじめての
カブトムシ飼育BOOK

2016年8月13日　初版第一刷発行

監修	哀川 翔
構成・撮影	尾園 暁
ブックデザイン	秋吉あきら（BLUE）
イラスト	川崎悟司
写真提供	むし社
編集	藤本淳子
協力	飯島和彦（むし社）
	黒澤麻子

Special Thanks　吉村卓三

印刷・製本	図書印刷株式会社
発行者	田中幹男
発行所	株式会社ブックマン社
	〒101-0065　千代田区西神田3-3-5
	TEL. 03-3237-7777　FAX. 03-5226-9599
	http://bookman.co.jp/

ISBN　978-4-89308-864-2

© Bookman-sha 2016 Printed in Japan

定価はカバーに表示してあります。乱丁・落丁本はお取替えいたします。
本書の一部あるいは全部を無断で複写複製及び転載することは、
法律で認められた場合を除き著作権の侵害となります。